Michael Wittenberg

Flache Erde

Was sagt die Bibel dazu?

All rights reserved.

© Coverbild: Fotolia

Inhaltsverzeichnis

Einleitung..6
Einige Unstimmigkeiten............................8
Die Zeugen Jehovas................................18
Die christlichen Kirchen..........................22
Meine eigenen Beweise...........................28
Folgende Bibelstellen lassen vermuten, dass die Erde keine Kugel ist...............................39
Einige Hinweise, dass Erde ein Erdkreis ist.........45
Einige biblische Hinweise,
dass die Erde stillsteht............................47
Hinweise, dass sich über der Erde
eine unsichtbare Barriere befindet.....................50
Hinweise, dass sich Sonne, Mond und Sterne bewegen..56
Was sagt die Bibel über das Fliegen?...................59
Warum eine Kugelerde?..........................62
Warum ich der Wissenschaft misstraue...............66
Bekommen wir immer noch Hilfe »von außen«?..68
Schlussbemerkungen...............................74

Einleitung

Es gibt viele Dinge, die auf einer sich drehenden Kugel keinen Sinn ergeben. Das wurde mir zum ersten Mal richtig bewusst, als ich das YouTube-Video »Die Geschichte der flachen Erde« von Eric Dubay sah. Jahrzehntelang glaubte ich alles, was mir die Lehrer in der Schule erzählten oder Wissenschaftler in ihren Büchern schrieben, ohne es irgendwie zu hinterfragen.

Dabei sind es gar nicht so wenige Dinge, die unstimmig, ja sogar unlogisch sind, nimmt man sie genauer unter die Lupe. Was mich am meisten verwunderte war die Tatsache, dass mir ganz offensichtliche Unstimmigkeiten nie aufgefallen sind. Einige Sachen springen einem tatsächlich ins Auge, wenn man sich mit der Frage beschäftigt, ob die Erdoberfläche flach sein könnte.

Meine Zweifel, ob die Erde wirklich eine Kugel ist, waren nach dem Video geweckt und verfestigten sich in den darauf folgenden Wochen und Monaten immer mehr. Jedoch war ich keinesfalls froh darüber, dass die Erde flach sein könnte. Jahrzehntelange Überzeugungen über Bord zu werfen, war nicht einfach. Gern hätte ich meine alten Ansichten beibehalten.

Wenn die Erde wirklich eine Kugel wäre, sagte ich mir, müsste es in der Bibel Erwähnung finden. Ist die Erde jedoch flach, sollte ich auch diesbezüglich fündig werden.

Also machte ich mich auf die Suche und fand viele Stellen, die auf die Erdform, wenn auch indirekt, hinweisen. Mit diesem Buch möchte ich Ihnen meine Ergebnisse vorstellen.

Noch ein kurzer Hinweis zum Verständnis. Wenn in diesem Buch davon gesprochen wird, dass die Erde flach ist, so bedeutet das *nicht*, sie ist eine Scheibe. Es bedeutet auch nicht, dass die Erde irgendwo zu Ende ist oder einen Rand hat, wo man – wohin auch immer – herunterspringen kann. Es bedeutet nur, dass *die Oberfläche* der Erde flach ist.

Auch möchte ich gern auf mein erstes Buch: »*Flache Erde: eine Auflistung von Fakten und offenen Fragen*« hinweisen, welches ebenfalls bei Amazon erhältlich ist.

Einige Unstimmigkeiten

Zu Beginn möchte ich Ihnen einige Dinge aufzählen, die auf einer sich drehenden Kugel keinen Sinn ergeben.

Die nachfolgenden Beispiele sind jedoch nur ein kleiner Bruchteil der Unstimmigkeiten und dienen dazu, Ihnen das Thema näher zu bringen. Es sind nicht nur Dinge, die sich mit der flachen Erde befassen, sondern allgemeine Ungereimtheiten, die mir auffielen, als ich anfing, nicht mehr alles blind zu glauben, was die Wissenschaft behauptet.

Vor nicht allzu langer Zeit sah ich den Film *Night Train*, wo aus einem fahrenden Zug, der gerade über eine hohe Brücke fuhr, ein Koffer geworfen wurde. Die Kameraeinstellung änderte sich und man sah vom Fluss aus, wie der Koffer kerzengerade nach unten fiel. Als er unten ankam, war der Zug fast weg.

Ich weiß nicht, wie schnell dieser Zug fuhr, aber nehmen wir einfach einmal eine Geschwindigkeit von 100 km/h an. Obwohl der Koffer die Geschwindigkeit des Zuges hatte, als er hinausgeworfen wurde, fiel er kerzengerade herunter.

Das mag im Film den Trickaufnahmen geschuldet sein, doch wurde dieses Ereignis nicht in die sogenannten »Filmfehler« aufgenommen. Warum nicht? Weil dieser freie Fall sich mit unserer Erfahrung deckt.

Kopfschütteln hätte es beim Zuschauer hervorgerufen, wenn der Koffer nach dem Hinauswurf weiter die Geschwindigkeit des Zuges beibehalten und nur durch den Luftwiderstand an Geschwindigkeit verloren hätte, also schräg, in Fahrtrichtung des Zuges, nach unten gefallen wäre.

Der Koffer fiel jedoch gerade herunter und niemand fand es merkwürdig.

Das erinnert mich an die Behauptung, dass Ballons, die mit Passagieren in die Luft fliegen, die Geschwindigkeit der Erdumdrehung mitnehmen und deshalb ganz ruhig über den Boden schweben. Bezogen auf Deutschland beträgt die Umdrehungsgeschwindigkeit immerhin rund 1.000 km/h. Zehnmal mehr als unser Zug gefahren ist.

Wenn der Ballon die Geschwindigkeit der Erdrotation beibehalten kann, warum hatte dann der Koffer im Film nicht die Geschwindigkeit des Zuges beibehalten? Nein, er fiel einfach gerade herunter.

* * *

Auf einer sich drehenden Kugel (am Äquator behauptete 1.670 km/h Umdrehungsgeschwindigkeit) entstehen Fliehkräfte. Davon ist auf der Erde nirgends etwas zu spüren.

Man könnte argumentieren, dass man sich an die Geschwindigkeit gewöhnt hat. Wenn es allerdings so wäre, müsste jemand aus London, wenn er zum Äquator fliegt, einen Unterschied bemerken. Immerhin dreht sich für den Londoner die Erde etwa 1.000 km/h schneller um die eigene Achse. An einer »Gewöhnung« kann es also nicht liegen. Warum spüren wir also nichts von der Erdrotation?

Auch ist es unbegreiflich, wie ein Flugzeug auf einer sich schnell drehenden Kugel landen kann. Startet ein Flugzeug beispielsweise in Paris und landet irgendwo weiter südlich, wo sich die Erdoberfläche deutlich schneller um die eigene Achse dreht, wie ist es dann möglich, dass dieses Flugzeug problemlos landen kann?

Selbst, wenn das Flugzeug die Erdrotation beim Start beibehalten könnte, was unwahrscheinlich ist, wie wir bereits am Beispiel des Koffers gesehen haben, so wäre diese Rotation für das Flugzeug doch deutlich schneller, wenn es weiter südlich landet (bzw. langsamer, wenn es Richtung Norden fliegt).

Gleiches gilt für den Mond. Auch hier will man auf einer sich drehenden Kugel gelandet sein, ohne das auch nur ein einziges Mal trainiert zu haben.

***

Das Teleskop »Sofia« macht Fotos von Sternen und Galaxien aus einem fliegenden Flugzeug heraus. So die offizielle Behauptung, so auch die Bilder bei der Google-Suche. Sehe ich mir das Flugzeug an, stellt sich mir die Frage, wie es mit einer derart großen Öffnung im Rumpf ruhig fliegen kann. Aber darauf will ich gar nicht hinaus.

Mit meiner Kamera *Nikon P900*, die unter den Flacherdlern fast Kultstatus erreicht hat, mache ich oft Fotos oder Filme von den Sternen oder dem Mond. Das ist trotz Stativ recht schwer, obwohl dieses fest auf der Erde steht und oft auch kein Lüftchen weht.

Es wird umso schwerer, je mehr ich einen Stern heranzoome. Die kleinste Berührung gegen die Kamera reicht aus, um ihn vom Display verschwinden zu lassen. Dann muss ich wieder herauszoomen, den Stern suchen, und wenn ich ihn gefunden habe, wieder hineinzoomen. Alles ist sehr mühsam.

Mit einem starken Fernglas hat man es ähnlich schwer. Wenn man es in der Hand hält, wird man kaum den Stern finden, den man mit bloßem Auge am Himmel sieht. Mit einem Stativ sieht es auch hier etwas besser aus, aber einfach ist es dennoch nicht. Auch hier reicht die kleinste Bewegung und der Stern ist aus dem Blickfeld verschwunden.

Und die NASA samt dem »Deutschen Zentrum für Luft- und Raumfahrt« wollen mir erzählen, sie filmen die Sterne und Galaxien aus einem fliegenden Flugzeug heraus? Ein Flugzeug fliegt niemals vollkommen ruhig. Oft holpert es sogar heftig, wenn es in ein sogenanntes »Luftloch« kommt.

Wenn ich es mit einem festen Untergrund, Windstille und bei ziemlich großen Planeten und Sternen kaum schaffe, Objekte problemlos heranzuzoomen, will man aus dem Flugzeug heraus keine Probleme mit winzig kleinen Objekten haben? Da möchte ich gerne einmal mitfliegen und das selbst in Augenschein nehmen!

Davon abgesehen kenne ich nur fertige Bilder von Planeten, Sternen oder Galaxien. Ich habe noch nie ein Video gesehen, wo ein kleiner, fast unscheinbarer Punkt am Nachthimmel herangezoomt wurde, und *dann* eine Galaxie erkennbar wird.

Wenn ich es mit meiner Kamera schaffe, Objekte am Nachthimmel von einem kleinen Punkt bis zur Größe des gesamten Displays heranzuzoomen, sollten es doch andere Teleskope, zumindest das »Hubble«, ebenfalls schaffen.

Seltsamerweise gibt es Zoomaufnahmen vom Mond, dessen Struktur und Form wir auch ohne Hilfsmittel deutlich erkennen können, zuhauf, aber nicht von unseren nächsten Planeten oder von Galaxien. Ja, noch nicht einmal von der Erde, worauf ich noch zu sprechen kommen werde.

* * *

Was ich schon als Kind nicht glauben wollte, war die Entfernung der Erde zur Sonne, die offizielle mit rund 149 Millionen Kilometern angegeben wird. So wie die Sonne, die am Himmel zu sehen ist, soll sie vor acht Minuten ausgesehen haben, denn solange braucht angeblich ihr Licht, um zu uns zu gelangen.

Da stellt sich mir die Frage, warum die Sonne optisch genau dort am Himmel steht, wo ich sie sehe. Warum nicht etwas weiter weg? Warum nicht etwas näher? Nein, ich war schon immer der Meinung, dass die Sonne dort oben wirklich der *Körper* Sonne ist, und nicht nur irgendein Licht eines weit entfernten Planeten.

Wenn ich in der Ferne einen Berg sehe, glaube ich auch nicht, dass ich *dort* nur sein Licht sehe, und der Berg eigentlich viel weiter entfernt ist. Nein, *ich sehe bis zu dem Berg hin*. Und so sehe ich auch bis zur Sonne *hin*. Das, was ich oben am Himmel sehe, ist kein Licht, das irgendwie dort oben stehengeblieben ist, sondern die Sonne selbst. Und sie scheint nicht allzu weit entfernt zu sein.

Auch ergab es für mich in Bezug auf die Entfernung der Sonne nie einen Sinn, dass sie einmal heiß scheint, und einmal nicht.

Warum liegt auf dem Kilimandscharo Schnee, wenn unten die Menschen schwitzen? Stimmt die Theorie doch, dass die Sonne kalt ist und nur ihre Strahlung, durch die Luftschicht erhitzt, uns wärmt? Wenn uns die Sonne aus 149 Millionen Kilometer Entfernung durch ein minus 270 °C kaltes Universum wärmt, müsste es doch hoch oben, wo die Luft am dünnsten ist, am heißesten sein, denn da prallen die Sonnenstrahlen viel ungehinderter auf das Objekt.

Ist die Sonne also doch kalt und, wie die Flacherdler behaupten, nur rund 5.000 km entfernt? Das erscheint logischer, denn je näher man der Sonne kommt, desto kälter wird es.

Denken Sie hier an die Bergsteiger des Himalaja, mit welch kaltem Wetter sie zu kämpfen haben. Fährt man jedoch am Globus den Breitengrad entlang, wird ersichtlich, dass dieser Berg auf einer Linie mit dem heißen Saudi-Arabien oder Nordafrika liegt.

Wenn Sie mit dem Auto zur Sonne fahren könnten, würden Sie bei einer Geschwindigkeit von 120 km/h 142 Jahre benötigen. Oder anders ausgedrückt: Wenn Sie im Jahr 1876 losgefahren wären, würden Sie heute (2018) erst angekommen sein. Klingt aus dieser Betrachtung heraus eine Entfernung von 149 Millionen Kilometern irgendwie glaubwürdig? Für mich nicht! Sehen Sie sich die Sonne am Himmel an! Sollte man nicht vielmehr seinem eigenen Sehsinn trauen und die Sonne als relativ nahes Objekt anerkennen?

Zum kleinen Pluto bräuchten Sie übrigens etwa 4.500 Jahre. Kommt es Ihnen nicht seltsam vor, dass Sie bei dieser Entfernung Pluto mit einem einfachen Teleskop erkennen können? Pluto wäre sicher auch dann zu weit weg, um ihn zu sehen, wenn er nur eine *Autowoche* entfernt wäre, egal, wie groß er ist.

* * *

Ein weiteres Rätsel waren mir schon immer Ebbe und Flut. Warum, fragte ich mich, schafft es der Mond, Ozeane anzuziehen, versagt aber bei kleinen Pfützen? Warum fallen Regentropfen nicht nach oben, wenn der Mond das Wasser doch so stark anzieht? Wenn der Mond Ozeane bewegt, wieso spürt der Mensch nicht seine Anziehungskraft? Den Unterschied, ob der Mond über uns steht oder nicht, müssten wir irgendwie spüren.

Wie ist es zu erklären, dass die viel größere Erde es nicht schafft, mit ihrer Anziehungskraft auch nur ein einziges Staubkorn auf dem Mond zu bewegen? Wenn der Mond mit seiner geringeren Masse Ozeane anziehen kann, müssten auf dem Mond doch wahre Staubstürme toben.

***

Warum liegen auf dem Mond Sand/Staub und Steine? Laut Wikipedia entsteht Sand durch Witterung, die ist jedoch auf dem Mond bekanntlich nicht vorhanden. Auch liegt der Staub bzw. der Sand direkt im Vakuum des Weltalls. Ich glaube nicht, und nicht anders ist es bei der Luftschicht der Erde, dass beides so harmonisch nebeneinander existieren kann.

Wenn der Mond aus Trümmerteilen der Erde entstanden ist, warum ist er dann so gleichmäßig rund? Warum ist seine Oberfläche so glatt? Er müsste doch viel unförmiger aussehen.

***

Sehen Sie sich auf YouTube den Sprung von Felix Baumgartner an. Er steigt mit dem Ballon 39 Kilometer hoch. Als die Tür der Einstiegsluke sich öffnet, sieht Baumgartner vor sich einen weißen, waagerecht geraden Horizont. Als die Kapsel von außen gezeigt wird, weist die Einstiegsluke schräg nach oben ins Weltall. Was stimmt hier nicht?

Beim Blick nach unten wirkt die Erde doch sehr, sehr klein, aber das sei geschenkt. Vielleicht passen die Film-Manipulierer beim nächsten Mal etwas besser auf.

Um zu verstehen, was bei Baumgartners Sprung nicht stimmt, nehmen Sie irgendeinen Gegenstand, halten ihn dicht vor der Brust und drehen Sie sich dann um Ihre eigene Achse.

Nun strecken Sie Ihre Arme aus und Sie werden feststellen, dass der Gegenstand nun einen größeren Kreis beschreibt und sich folglich schneller um Sie bewegt.

Im Fall Felix Baumgartner heißt das, mit jedem Kilometer, den er nach oben stieg, muss er sich immer ein wenig schneller in Richtung Erdrotation bewegt haben, also seitwärts. Das ist jedoch nicht möglich, wenn er mit einem Ballon – ohne jeglichen Antrieb – gerade nach oben steigt. Wie konnte er so weit oben mit der Erdrotation mithalten?

Wissenschaftler sind in der Regel keine Experten der Bibel, dazu gehören eher die Anhänger der christlichen Religionen. Wie es der Zufall wollte, habe ich mich gerade mit Leuten, die die Bibel nach eigenen Aussagen ganz genau kennen, im wöchentlichen Zwiegespräch befunden, als ich auf das Thema flache Erde stieß.

Ihre Einstellung erstaunte mich.

Die Zeugen Jehovas

Das, was ich in der Bibel bezüglich der Gestalt der Erde fand, sollten selbsternannte Experten der Bibel doch längst gefunden haben. So dachte ich jedenfalls. Und weil mich das Thema Religionen schon immer beschäftigte, war ich eigentlich erfreut, als eines Tages die Zeugen Jehovas an meiner Tür klingelten.

Nicht, dass ich mich von ihrer Religion überzeugen lassen wollte, denn das konnten diese Leute nicht. Sie waren jung, hätten fast meine Enkel sein können, und hatten noch keine wirkliche Lebenserfahrung. Was wollten sie mir vom Leben erzählen? Nein, ich wollte sie einfach überzeugen, dass die Welt nicht so funktioniert, wie sie sich das vorstellen. Gott wird nicht kommen, auf der Erde ein Blutbad anrichten, wie es die Welt noch nicht erlebt hat, und dann zu den Überlebenden sagen, dass sie sich jetzt ein großartiges und sorgenfreies Leben einrichten können.

Mal ehrlich, wer wollte nach so einem Gemetzel das Paradies noch?

Zum Zeitpunkt der ersten Besuche – es gab derer mehrere, so schnell gaben sie bei mir nicht auf – war von meiner Seite aus an das Thema flache Erde noch nicht zu denken. Das kam erst bei etwa dem dritten Treffen.

Zuerst glaubten die beiden Zeugen Jehovas, ich wolle sie auf den Arm nehmen, doch ich trug Argumente vor, die die Kugelerde zumindest infrage stellten. Und da wir uns in meiner Wohnung trafen, hatte ich mich mit Internetseiten und YouTube-Videos ausreichend vorbereitet und konnte loslegen.

Leider stand ich, so sehe ich das heute, mit der ganzen Thematik noch so ziemlich am Anfang. Zwar war ich mittlerweile überzeugt davon, dass die Erde flach ist, aber im Vermitteln der Argumente war ich noch recht unbeholfen. Auch kamen durch späteres Überlegen immer wieder neue Fakten hinzu, die die Kugelerde ad absurdum führten, die ich zum Zeitpunkt der Treffen allerdings noch nicht kannte.

Die »Zeugen« ließen sich, trotz meiner Vorstellungen zur flachen Erde, nicht davon abhalten, mich zu besuchen. Wir standen in E-Mail Kontakt und ich schickte ihnen den einen oder anderen Link, der meine neu gefundene Theorie untermauerte, doch sie fanden Ausflüchte, warum sie es angeblich nicht schafften, sich das anzusehen.

Das heißt nicht, dass sie sich nicht zwischen den Treffen mit diesem Thema beschäftigten. Nur suchten Sie nach Beweisen, *dass die Wissenschaftler richtiglagen,* und nicht die Anhänger der »flachen Erde«. Und so brachten sie mir eines Tages auch eine Zeitschrift ihrer Organisation mit, wo auf dem Titelblatt groß die Erdkugel zu sehen war.

Beim nächsten Treffen war ich wieder vorbereitet und hatte so viele Stellen wie möglich aus der

Bibel herausgesucht *), die eine flache Erde nahelegen.

Hier einige Beispiele:

- *Er lässt ihn hinfahren unter allen Himmeln, und sein Blitz scheint auf die Enden der Erde.*

- *Hast du vernommen, wie breit die Erde sei?*

- *Und baute sein Heiligtum hoch, wie die Erde, die ewiglich fest stehen soll.*

- *Herr, dein Wort bleibt ewiglich, soweit der Himmel ist; deine Wahrheit währet für und für. Du hast die Erde zugerichtet, und sie bleibt stehen.*

- *... von einem Ende der Erde bis an das andere Ende ...*

- *... denn sie kam vom Ende der Erde ...*

Doch diese Textstellen sahen sie nicht als Aussagen an, dass die Erde flach ist. Ihnen waren, man höre und staune, die Aussagen der Wissenschaftler, die Gott, ihrer Weltanschauung nach, irgendwann von der Erde fegen wird, glaubwürdiger. Sie machten noch nicht einmal Anstalten, um herauszufinden, ob sie *vielleicht* falsch lagen.

Ich erklärte ihnen, wenn sie die flache Erde propagieren und sie sich letztendlich als richtig erweist (das Thema findet ungeheures Interesse, man muss sich nur einmal die Google Trends zum

Thema anschauen; hinzu kommt, dass es noch keinen gibt, der von einer Überzeugung, dass die Erde flach ist, wieder zurück zur Kugelerde ging), sie aller Welt zeigen können, dass ihre Religion die ganze Zeit richtiglag. Der Ansturm der neuen »Schäfchen« hätte enorm sein können.

Es nützte nichts. Sie suchten lieber nach Mitteln und Wegen, die Bibelstellen, wenn auch indirekt, und ohne sich dessen vielleicht bewusst zu sein, zu widerlegen.

Für Zeugen Jehovas fand ich das schon erstaunlich. Kurz darauf endeten unsere Treffen und ich habe bis heute nichts wieder von ihnen gehört.

*) Da ich nur ein durchschnittlicher Kenner der Bibel bin, war es sehr hilfreich, diese Schrift auf dem Computer als Textdatei zu besitzen. Mittels Stichwortsuche fand ich schnell die entsprechenden Stellen.

Die christlichen Kirchen

Obwohl an keiner Stelle der Bibel steht, die Erde wäre eine Kugel, die durch ein unendliches Weltall rast, wurde seitens der Kirchen vor einigen hundert Jahren die Meinung der damaligen Wissenschaftler übernommen, die Erde wäre nicht flach, sondern ein Planet.

Im Grunde bedeutet das für die christlichen Kirchen eine Leugnung von Teilen ihrer eigenen Heiligen Schrift. Zwar wird in der Bibel nicht wortwörtlich gesagt, die Erde sei flach, doch überwiegen diesbezügliche indirekte Aussagen. Im Gegensatz dazu wird nicht ein einziges Mal auch nur angedeutet, die Erde wäre eine Kugel.

Warum also die Kehrtwende in der Kirche? Man kann nur spekulieren.

Mancher mag entgegenhalten, dass die Bibel an vielen Stellen unlogisch und brutal ist, und deshalb unmöglich Gottes Wort sein kann. Das mag sein, und ich sehe das ebenfalls kritisch, aber sie enthält auch einige Dinge, die die Bibelschreiber unmöglich wissen konnten. Sehen wir uns dazu die erste Seite der Bibel an. Hier steht im 1. Buch Moses, 6 – 7 folgendes:

*6. Und Gott sprach: Es werde eine Feste **zwischen** den Wassern, und die sei ein Unterschied **zwischen** den Wassern.*

*7. Da machte Gott die Feste und schied das Wasser **unter** der Feste von dem Wasser **über** der Feste. Und es geschah also.*

(Die Hervorhebungen, auch zukünftige, sind vom Autor.)

Sieht man sich die Sterne und Planeten durch die zoomstarke *Nikon P900* an, sehen sie tatsächlich so aus, als wären sie hinter bzw. im Wasser, denn sie wackeln und flimmern in allen Farben. Das kann man jedoch nur mit leistungsstarken optischen Geräten erkennen, und die gab es zur Zeit, als die Bibel geschrieben wurde, noch nicht.

Der andere Fall wäre das Wasser unter der Erde. Sehen Sie sich dazu irgendeine einsame Insel im Ozean an, weit, weit entfernt von irgendeinem Festland. Woher kommt das Süßwasser? (Die Frage, woher die Bäume und die vielen anderen Arten von Pflanzen kommen, stellt sich natürlich ebenso.)

Laut offizieller Meinung entstehen Flüsse durch den Wasserkreislauf. Das Wasser der Meere verdunstet durch die Sonneneinstrahlung, und in den oberen Luftschichten kondensiert dieses Wasser zu Wolken. Über Land regnet oder schneit es. So kommt das Wasser wieder auf die Erde und gelangt über Bäche und Flüsse zurück ins Meer.

Ich habe an dieser Aussage meine Zweifel. Regnet es in Deutschland und seinen Nachbarländern wirklich so viel, dass wir mehrere Flüsse brauchen (Rhein, Elbe, Donau, Main, Weser, Mosel, Neckar, Saale, Spree, Havel, Ems, Werra, Inn, Ruhr, Lahn,

Isar, Lech, Fulda, Leine, Saar, Oder, Aller, Lippe, Unstrut, Nahe, Sieg, Salzach usw. usf.), um das ganze Regenwasser von Deutschland und seinen Nachbarländern abzutransportieren?

Regnet es in den Wüsten Afrikas wirklich so viel, dass ein Nil (immerhin einer der größten Ströme der Welt mit einer Länge von fast 7.000 km) notwendig ist, um das ganze Wasser abzutransportieren?

Mal ehrlich, glauben Sie wirklich, dass aufsteigende, feuchte Luftmassen, die auf unterschiedliche Temperaturen treffen, solche Energie erzeugen können, dass Blitze entstehen? Falls ja, frage ich Sie, wenn die Energieerzeugung mit Temperaturwechsel und feuchter Luft so leicht wäre (unser Wetter bekommt es ja von ganz allein hin), warum hat man noch keine Kraftwerke gebaut, die dieses Prinzip umsetzen?

Woher kommt also das Wasser wirklich? Vom Regen oder Schnee sicher nicht. Und vom Grundwasser? Wo kommt dann dieses her? Flüsse fließen »nach unten«, also zum Meer hin, folglich ist nicht anzunehmen, dass dieses Grundwasser irgendwie vom Meer kommt. Davon abgesehen, wie sollte das Grundwasser des Meeres so weit in die Wüsten Afrikas vordringen, dass daraus der Nil entspringen kann?

Hier gibt nur die Bibel eine sinnvolle Erklärung: Wenn sich auch Wasser *unter* der Erde befindet, ist das alles zu erklären, auch die Sintflut. Das hätten die Oberen der Kirchen vor einigen Hundert Jahren schon erkennen und als Gegenargumente zur Kugelerde vorbringen können.

Ich konnte mir früher eine Sintflut, ob es sie gegeben hat, sei einmal dahingestellt, nie richtig vorstellen. Jedenfalls nicht auf einer Kugelerde. Wenn Gott die Erde *zwischen* den Wassern gemacht hat, sieht das schon anders aus. Und schaue ich mir heute den Nil an, der irgendwo im trockenen Afrika entspringt, sehe ich die Sintflut mit anderen Augen.

Eigentlich gibt nur Wasser einen Sinn. Wenn in der Bibel zu lesen wäre, Gott hätte, statt der Sintflut, alles mit Krieg und Feuer vernichtet, wie man sich damals eine Vernichtung des Gegners vorstellte, könnte man sich durchaus fragen, wer sich das ausdachte. Es war aber *Wasser*, das die Welt vernichtete.

Nirgends wird in der Bibel behauptet, dass auch Sonne und Mond hinter Wasser sind.

1. Buch Moses, 14 – 18:

*14. Und Gott sprach: Es werden Lichter **an** der Feste des Himmels, die da scheiden Tag und Nacht und geben Zeichen, Zeiten, Tage und Jahre.*

*15. und seien Lichter **an** der Feste des Himmels, dass sie scheinen auf Erden. Und es geschah also.*

16. Und Gott machte zwei große Lichter: ein großes Licht, das den Tag regiere, und ein kleines Licht, das die Nacht regiere, dazu auch Sterne.

17. Und Gott setzte sie an die Feste des Himmels, dass sie schienen auf die Erde.

18. und den Tag und die Nacht regierten und schieden Licht und Finsternis. Und Gott sah, dass es gut war.

Allein von der Logik her hätte man vor ein paar Tausend Jahren auch auf die Idee kommen können, dass sich nicht die Sterne oben am Himmel, sondern die Erde dreht. Man hätte es sogar als besondere Auszeichnung von Gott verstehen können, dass sich *nur* die Erde dreht, alles andere ist dazu verdammt, still zu stehen.

Die Leute von damals waren nicht so ungebildet, wie man allgemein annimmt. Hätte ich zu Bibels Zeiten gesagt, die Erde dreht sich, hätte man mir das Gegenteil bewiesen, indem man mir antwortet: »Dann würden wir das ja spüren.«

Und genau so ist es: Wir spüren die Erddrehung nicht, haben sie nie gespürt. Man könnte dagegen halten, dass wir seit der Geburt an die Erddrehung gewöhnt sind und *deshalb* nichts davon bemerken. Dann müsste aber ein Eskimo, der an eine Rotation von vielleicht 400 km/h gewöhnt ist, die Erddrehung am Äquator sehr wohl wahrnehmen (dort beträgt sie, wie bereits erwähnt, angebliche 1.670 km/h, also mehr als viermal so schnell).

Die Erschaffung der Erde, wie es die Bibel beschreibt, hat nichts mit Lobhudelei von irgendwelchen Mächtigen zu tun, es geht auch nicht um die Lieblingsvölker, die Gott angeblich hat. Man hätte auch in die Bibel schreiben können, Gott hat die Erde aus wer weiß was gemacht. Man spricht aber von *Wasser*, das getrennt wurde, und *dazwischen* schuf Gott das Land, auf dem wir heute leben.

Das klingt meiner Meinung nach nachvollziehbar; viel mehr, als die Behauptung, dass alles durch reinen Zufall und aus dem Nichts entstanden sein soll.

Meine eigenen Beweise

Wenn ich Ihnen jetzt ein selbst aufgenommenes Bild vom Stern Rigel zeige, werden Sie eine große Differenz zu den »Aufnahmen« der Wissenschaftler erkennen. Warum das so ist? Auch hier lässt sich wieder nur spekulieren. Auf jeden Fall aber glaube ich meinen eigenen Aufnahmen und Augen mehr, besonders, wenn ich nicht in der Lage bin, die Aufnahmen anderer Leute auf ihre Echtheit zu überprüfen.

Hierzu möchte ich ein Beispiel anführen. Bilder, die angeblich die Erde aus dem Weltall zeigen, können gefakt sein. (Dass die Erde immer wieder anders aussieht und deshalb anzunehmen ist, dass die Bilder am Computer erstellt wurden, lasse ich hier einmal außen vor – sehen Sie sich die Bilder im Internet selbst an, wie glaubwürdig sind die?)

Ein Beweis für die Echtheit wäre es mir, wenn man aus dem Weltall die Erde so weit heranzoomt, dass man die fahrenden Autos auf den Straßen der Städte sehen kann. Obwohl das technisch leicht möglich wäre und die Aufnahmen bei der Bevölkerung weltweit sicher ein positives Echo gefunden hätten, gibt es kein einziges solches Video.

Wenn *ich* Rigel heranzoomen kann, warum macht das dann die Wissenschaft nicht? Anstelle eines Zoom-Beweises, das den Flacherdlern jeden Wind aus den Segeln nehmen und sie ziemlich dumm dastehen lassen würde, werden nur fertige

Bilder geliefert, doch die kann man in der heutigen Zeit mit mehr oder weniger Aufwand am Computer erstellen.

Stattdessen sehen wir immer und immer wieder die gleichen Filmchen, wo Astronauten irgendwelche Spielereien in der Schwerelosigkeit vorführen. Auf die Idee, mit einer Kamera aus dem Fenster der ISS heraus die Erde zu filmen oder zu fotografieren, kommt scheinbar niemand.

Das ist ungewöhnlich. Zum einen, weil, wie man auf diversen YouTube-Videos sehen kann, sämtlicher Quatsch mit hoch zur ISS genommen wird, warum dann kein Handy oder eine Kamera? Zum anderen filmt man doch heute wirklich alles, was man vor die Handy-Linse bekommt. Selbst im Urlaub macht man jede Menge Erinnerungsvideos. Warum kommt denn keiner auf die Idee, die nun nicht gerade übliche Fahrt in einer Weltraumstation auf persönlichen Bildern und Filmen festzuhalten?

Wenn während des Urlaubs Fotos und Filme gemacht werden, kann man doch davon ausgehen, dass man seinen Aufenthalt in der Raumstation *erst recht* festhält. Immerhin ist das eine Erinnerung fürs Leben. Stattdessen werden nur *offizielle* Filmchen gedreht, wo man »Zauberkunsttücke« wie schwebende Materialien oder Gegenstände zeigt.

Also, wäre ich auf der ISS, ich hätte wirklich alles gefilmt, was mit dem Weltall und der Kugelerde unter mir zu tun hat. Mein Speicherplatz in der Kamera würde wahrscheinlich gar nicht ausreichen. Immerhin will man ja mal später vor seinen Kindern, bei Bekannten oder auf YouTube auf den Putz hauen, was man so alles erlebt hat.

Die ISSler scheinen das aber anders zu sehen. Warum auch immer. Jedenfalls kenne ich keine derartigen Aufnahmen.

Dabei ist es nicht so, dass ich derartige Aufnahmen nicht gefunden hätte, es gibt sie schlicht nicht. Denn würde es sie geben, hätten die Befürworter der Kugelerde diese den Flacherdlern schon lange unter die Nase gehalten. Die Flache-Erde-Bewegung, die es nun schon seit einigen Jahren gibt und stark wächst, wäre auf der Stelle erledigt gewesen.

Stattdessen wird einfach behauptet, die Flacherdler spinnen (so ähnlich drückte sich Barack Obama mehrmals aus) oder man stellt die Argumente der Flacherdler bewusst falsch hin, indem man aussagt, diese behaupten, die Erde wäre eine Scheibe, die durchs Weltall fliegt.

Das absurdeste, was ich gehört hatte, war die Argumentation von Prof. Dr. Lesch. Er meinte, und jeder kann es bei YouTube selbst sehen, dass man die Kugelerde mathematisch beweisen könne. Legt man nämlich ein Dreieck auf die Erdoberfläche aus, würden die Innenwinkel des Dreiecks größer sein, als bei einer flachen Erde.

Hier frage ich mich, wie er über die Erde ein Dreieck auslegen will. Es wird wohl sein Geheimnis bleiben.

Obwohl *die Kugelerdler* eigentlich in der Pflicht wären, ihre Behauptung zu beweisen, versuchen die Flacherdler, mit ihren begrenzten Möglichkeiten, Beweise für eine flache Erde zu erbringen. Das können Laser sein, die man über einen kilometerlangen See ausrichtet, Kameras an Wetterballons und dergleichen.

Mittlerweile ist es jedoch so, dass sich die Wissenschaftler, die doch ganz andere Möglichkeiten haben, zu den gleichen Methoden greifen. Warum eigentlich? So sah ich kürzlich eine Argumentation eines Wissenschaftlers, der die flache Erde anhand des Burj Khalifa in Dubai widerlegen wollte.

Hat man derartiges wirklich nötig, wenn man ganz einfach ein Foto aus dem Fenster der ISS heraus aufnehmen könnte?

Haben Sie, lieber Leser, schon einmal gesehen, wie ein Teleskop (wie zum Beispiel Hubble oder Sophia) einen winzigen Punkt am Himmel heranzoomt und daraus eine Galaxie wird? Sicher nicht, denn solche Videos gibt es nicht. So sehr ich bei Google danach suchte, es waren keine zu finden. Warum eigentlich nicht? Das wäre technisch überhaupt kein Problem. Stattdessen werden uns auch hier immer nur fertige Bilder gezeigt, die man, genau genommen, auch mit Gimp oder ähnlichen Programmen erzeugen kann.

Zurück zu Rigel: Es ist wichtig zu wissen, dass dieser Stern, wenn ich ihn nah genug heranzoomte, das gesamte Display meiner Kamera *Nikon P900* ausfüllte. Im Klartext: Ob wohl der Stern angeblich 81.362.282.064.195 km entfernt ist, bekomme ich ihn so nah herangezoomt, dass ich seine Struktur erkennen kann. Wie kann das bei dieser Entfernung sein?

Hier also mein selbst aufgenommenes Bild von Rigel. Dieser Stern wird von der Wissenschaft (ebenfalls als Fotografie) als bläulich weißer Stern dargestellt. Sie können sich das auf Wikipedia ansehen. Aus rechtlichen Gründen kann ich deren Bild hier nicht einfügen.

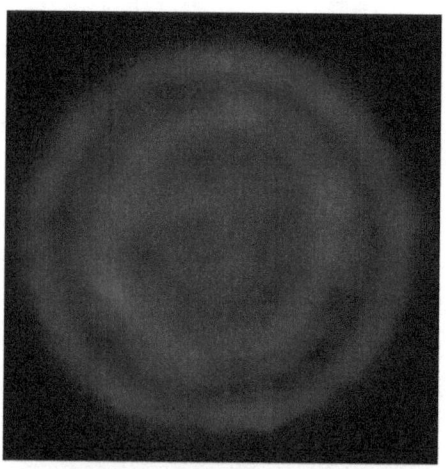

Schaubild 1: Rigel - Aufnahme des Autors mit einer Nikon P900

Die Ringe in meinem Bild sind nun einmal da und man kann sie nicht wegleugnen. Bei den offiziellen

Bildern sind diese Ringe noch nicht einmal im Ansatz zu sehen.

Für mich gab es übrigens keinen anderen Weg, als diesen Stern als Video aufzunehmen. Ich fokussierte und zoomte ihn heran. Aus diesem Video erstellte ich einen Screenshot, das Sie hier sehen. *Videos* von derartigen Sternen bzw. Galaxien sind also möglich, nur warum zeigt man sie uns nicht?

Als ich dieses Bild an eine Bekannte schickte, räumte sie die Möglichkeit ein, ich können mich getäuscht haben und das, was ich aufgenommen habe, wäre gar nicht Rigel.

Von der Überlegung her ist das zwar richtig, aber heute gibt es Werkzeuge wie »Google Sky«, wo man Sterne und Planeten sehr genau bestimmen kann. Außerdem war kein anderer heller Stern in der Nähe. Dass ich mich geirrt habe, scheint also fast unmöglich. Außerdem sind dieselben Bilder bei YouTube zu finden von Leuten, die ebenfalls Rigel aufgenommen haben. Wir müssten uns *alle* geirrt haben.

Der Vatikan besitzt angeblich das beste Teleskop (oder zumindest ein sehr gutes). Von daher glaube ich, dass die Leute, die da durchschauen, durchaus die Sterne und Planeten sehen, wie sie wirklich aussehen.

Warum hier nicht gesagt wird, die Sterne und Planeten, die man durch das Teleskop sieht, unterscheiden sich deutlich von den Bildern der Wissenschaftler, kann ich mir nicht erklären.

Würde der Mond sein Licht von der Sonne beziehen (was durch Laserthermometer bereits widerlegt ist, denn das Mondlicht *kühlt*), gäbe es einen großen Übergang von hell zu dunkel. Der Mond wird allerdings abrupt dunkel. Ein fließender Übergang ist schlicht nicht zu erkennen. Und das will die Wissenschaft oder der Vatikan bis heute nicht festgestellt haben?

Sie sollten auch sehen, dass der Mond, wenn er nicht gerade voll ist, an der Stelle, wo man ihn nicht sieht, auch nicht existiert. *) Es scheint, als schrumpfe er, wenn er abnimmt.

*) Es gibt einige wenige Aufnahmen, bei dem der Mond eine Sichel ist, wo aber der dunkle Teil leuchtet, also insgesamt ein Vollmond zu erkennen ist. Ich halte derartige Aufnahmen zwar für echt, eine Antwort darauf habe ich allerdings nicht. Von der Sonne kann das Licht nicht herkommen, sonst wäre die Sichel nicht zu sehen. Ich selbst habe einen derartigen Mond noch nicht gesehen. Wann immer ich den Mond heranzoomte (wie nah, werden Sie im Kapitel *Hinweise, dass sich über der Erde eine unsichtbare Barriere befindet* sehen), es war der Teil, den man mit bloßem Auge nicht sehen kann, auch nicht mittels 83-fachem Zoom zu sehen.

* * *

Ich bin mir sicher, wenn die Erde eine Kugel wäre, und die Menschheit könnte sie verlassen, hätten wir schon viele lustige Filme zu sehen bekommen.

Beispielsweise, indem man vom Weltall die untere Hälfte der Erde heranzoomt und wir dann Schiffe zu sehen bekämen, wie sie auf dem Meer, von unserer Sicht aus, auf dem Kopf fahren und regelrecht an der Erde kleben. Man zeigt uns aber immer nur wieder die gleiche, schon langweilig gewordene Erde.

Fast jeder kann sich heute ein Teleskop kaufen, oder Technik, die im Zoom sehr stark ist. Warum wird dann nicht von der ISS die Erde soweit herangezoomt, dass man die Menschen in den Straßen herumlaufen sieht? Das müsste doch für die Astro- bzw. Kosmonauten ein Kinderspiel sein, so etwas aufzunehmen und die Menschheit damit zu beglücken.

Und komme mir jetzt keiner mit dem Datenschutz, Google macht es mit Street View ähnlich, und da regt sich auch niemand auf (mit Ausnahme der deutschen Regierung, der wir es zu verdanken haben, dass es Street View in Deutschland so gut wie nicht gibt).

Wenn ich heute in den Sternenhimmel sehe, habe ich nicht das Gefühl, in einen »Raum« zu sehen, eher sehe ich nachts überall gleichgroße, leuchtende Punkte.

Tagsüber sehe ich die Kuppel, wenn die Sonne sie bescheint. Sie ist das hellblaue Licht hoch über den Wolken. Das kann nicht die Ursache irgendwelcher Moleküle in der Luft sein, denn dann würde die Sonne uns, da sie ja angeblich hinter unserer Luftschicht liegt, ebenfalls bläulich erscheinen.

Der Blick neben die Sonne ist ohne Hilfsmittel schwierig, beim Mond kann man allerdings sehr gut erkennen, dass die Kuppel *hinter* ihm ist. Wäre dem nicht so, wäre der Mond tagsüber blau.

Es gibt auf YouTube Aufnahmen der Sonne mit einer *Nikon P900* zu sehen, wo sie genauso weit herangezoomt wird, wie die Bilder der Wissenschaft. Die Sonne *bleibt* gelb/weiß. Nichts ist von riesigen Ausbrüchen zu sehen, nichts deutet auch nur annähernd darauf hin, dass sie knallrot ist, wie uns wissenschaftliche Bilder zeigen.

Sieht man sich Sonne und Mond an, ist augenfällig, dass sie die gleiche Größe haben. Soll das wirklich daran liegen, dass sie *zufällig* die dazu passende Entfernung zur Erde haben?

Ebenso ist es mit den Planeten, Sternen und Galaxien. Glauben Sie wirklich, diese Abermillionen Himmelsobjekte sind deshalb alle gleichgroß, weil sie zufällig genau *so weit* entfernt sind, dass wir sie alle in gleicher Größe wahrnehmen? Gibt es wirklich einen so großen Zufall?

Die Bibel behandelt zwei getrennte Himmelskörper. Einmal Sonne und Mond, und im Gegensatz dazu die Sterne. Sehr oft werden Sonne und Mond als Einheit dargestellt, und dazu gesellen sich die Sterne.

Wir machen es unbewusst nicht anders. Für uns gibt es Sonne und Mond, und daneben noch die vielen kleinen Punkte am Nachthimmel.

Hier einige von sehr vielen Beispielen:

Das Buch Josua 10:12,13: *Damals redete Josua mit dem Herrn an dem Tage, da der Herr die Amoriter vor den Kindern Israel dahingab, und er sprach in Gegenwart Israels: Sonne, steh still zu Gibeon, und Mond, im Tal Ajalon! Da stand die Sonne still und der Mond blieb stehen ...*

5. Buch Moses 17:3 *... es sei Sonne oder Mond oder allerlei Heer des Himmels ...*

Psalm 72:5 *Man wird dich fürchten, solange die Sonne und der Mond währt ...*

Psalm 104:19 *Du hast den Mond gemacht, das Jahr darnach zu teilen; die Sonne weiß ihren Niedergang.*

Psalm 121:6 *... daß dich des Tages die Sonne nicht steche noch der Mond des Nachts.*

Psalm 121:10 *Denn die Sterne am Himmel und sein Orion scheinen nicht hell; die Sonne geht finster auf, und der Mond scheint dunkel.*

Der Prophet Jesaja 13:10 *Denn die Sterne am Himmel und sein Orion scheinen nicht hell; die Sonne geht finster auf, und der Mond scheint dunkel.*

Der Prophet Jesaja 24:23 *Und der Mond wird sich schämen, und die Sonne mit Schanden bestehen ...*

Folgende Bibelstellen lassen vermuten, dass die Erde keine Kugel ist

Was sagt nun die Bibel über die Form der Erde? Häufig wird in diesem Buch von einem »Erdkreis« gesprochen. Genau diese Vorstellungen haben Flacherdler auch. Die Erde ist an der Oberfläche kreisförmig und die äußere Begrenzung ist der Eiswall der Antarktis. Was dahinter ist, weiß niemand. Jedenfalls nicht Otto Normalbürger. Aber schon Hitler und Konsorten werden wohl nicht nur wegen dem vielen Eis dort hingeflogen sein.

Vielleicht wird es Sie wundern, dass man auf einem Kreis, wenn man immer nach Westen geht, trotzdem wieder am Ausgangsort ankommt. Das ist leicht zu erklären. Die Kompassnadel zeigt *immer* nach Norden (nie nach Süden, was schlussfolgern lässt, dass es keinen Südpol gibt). Wenn Sie auf einem Kreis in Richtung Westen gehen und sich nach dem Kompass richten, werden Sie zwangsläufig wieder da ankommen, wo Sie gestartet sind.

Ein Kreis, wie er in der Bibel oft erwähnt wird, ist etwas anderes als eine Kugel. Von einer Kugel wird, soweit ich das herausfinden konnte, nur ein einziges Mal geredet, und zwar bei:

Der Prophet Jesaja 17–18: *Siehe, der Herr wird dich wegwerfen, wie ein Starker einen wegwirft, und wird dich greifen und dich umtreiben wie eine* **Kugel** *auf weitem Lande.*

Doch hier wird nicht von der Form der Erde gesprochen. Wenn das erwähnt wird, dann immer nur als »Erdkreis«.

Ebenso wenig findet man in der Bibel Begriffe wie »All«, »Weltall«, »Galaxie«, »Schwarzes Loch«, »Dunkle Materie/Energie«, »Urknall«, »Universum«, »Dimension(en)« oder ähnliche Begriffe, die uns die Wissenschaft als existent verkaufen will.

Wenn die Bibel Gottes Wort wäre, warum hat er nicht erwähnt, dass die Sterne riesige feste bzw. gasförmige Körper sind?

Es ist kaum anzunehmen, dass die Menschheit damit übervorteilt gewesen wäre. Man hätte es einfach als Tatsache verstanden; Gott hat es gesagt, also wird es schon seine Richtigkeit haben. Außerdem hatten die damaligen Menschen nicht das geringste Problem damit, dass *über* der Erde Wasser ist:

1. Buch Mose 6: *Und Gott sprach: Es werde eine Feste **zwischen** den Wassern, und die sei ein Unterschied **zwischen** den Wassern.*

Wer das klaglos akzeptiert, der hätte auch keine Probleme damit zu akzeptieren, dass die Sterne weit entfernte Sonnen sind.

Gott grenzt im erwähnten *1. Buch Mose 6* den Bereich der Menschen ein: Nur der Bereich zwischen den beiden Wassern ist deren Ort, nicht ein Universum, wo die Erde samt Milchstraße durch ein unendliches Weltall rast.

Es ist auch nicht so, dass Gott die Sterne schlicht nicht erwähnte. Gleich am Anfang der Bibel lesen wir:

1. Buch Mose 14–17: *Und Gott sprach: Es werden Lichter an der Feste des Himmels, die da scheiden Tag und Nacht und geben Zeichen, Zeiten, Tage und Jahre ...*

... und seien Lichter an der Feste des Himmels, dass sie scheinen auf Erden. Und es geschah also.

Und Gott machte zwei große Lichter: ein großes Licht, das den Tag regiere, und ein kleines Licht, das die Nacht regiere, dazu auch Sterne.

Und Gott setzte sie an die Feste des Himmels, dass sie schienen auf die Erde ...

Es wird also nur von Sternen geschrieben, nicht von etlichen Milliarden Kilometer weit entfernten Himmelskörpern. Im Gegenteil, nach den Aussagen der Bibel sind die Sterne nicht allzu weit von der Erde entfernt. Sie befinden sich »an der Feste des Himmels«, also an der blauen Schicht, die wir tagsüber oben am Himmel sehen. Und diesen Eindruck hatte ich bei meinem Blick durch die Kamera auch: Die Sterne sind nicht weit entfernt.

Sehen wir uns nun die Stellen in der Bibel an, welche Andeutungen über die Form der Erde machen.

In der **Offenbarung 7:1** steht geschrieben: *Und danach sah ich vier Engel stehen an den vier*

Ecken der Erde, die hielten die vier Winde der Erde, auf dass kein Wind über die Erde bliese noch über das Meer noch über irgendeinen Baum.

In der **Offenbarung 20:8** steht weiter: *... und wird ausgehen, zu verführen die Völker an den vier Enden der Erde, den Gog und Magog, um sie zu versammeln zum Streit; deren Zahl ist wie der Sand am Meer.*

Es wird also ausgesagt, dass die Erde vier Ecken und vier Enden hat. Eine Kugel hat jedoch keine vier Ecken und vier Enden. Einen Kreis oder, bildlich gesprochen, ein kreisförmiges Tuch könnte man sehr wohl an vier »Enden« festhalten.

In **Psalm 135:7** heißt es: *... der die Wolken lässt aufsteigen vom Ende der Erde, der die Blitze samt dem Regen macht, der den Wind herausführt aus seinen Kammern.*

Auch bei **Das Buch Hiob 38:13** kann man lesen: *Damit sie die Ecken der Erde fasste und die Gottlosen herausgeschüttelt würden?*

In **Das Buch Hiob 28:24** steht dazu: *Denn er sieht die Enden der Erde und schaut alles, was unter dem Himmel ist.*

Nur bei einer flachen Oberfläche ist es möglich, die gesamte Erdoberfläche auf einmal im Blick zu haben (*er sieht die Enden der Erde und schaut alles, was unter dem Himmel ist*). Bei einer Kugel funktioniert das nicht. Und wenn Gott das könnte, so erklärt er nicht, *wie* er das macht. Somit ist davon auszugehen, dass eine flache Oberfläche gemeint ist. Sonst hieße die Bibelstelle wohl: *Er sieht um die Erde herum ...*

Das Buch Hiob 38:18: *Hast du erkannt, wie breit die Erde ist? Sage an, weißt du das alles!*

Der Prophet Jeremia 6:22: *So spricht der Herr: Siehe, es kommt ein Volk von Norden, und ein großes Volk wird sich erheben vom Ende der Erde.*

Der Prophet Jeremia 25:33: *Zu der Zeit werden die vom Herrn Erschlagenen liegen von einem Ende der Erde bis ans andere Ende; sie werden nicht beklagt noch aufgehoben noch begraben werden, sondern müssen auf dem Felde liegen und zu Dung werden.*

Der Prophet Jeremia 31:8: *Siehe, ich will sie aus dem Lande des Nordens bringen und will sie sammeln von den Enden der Erde, auch Blinde und Lahme, Schwangere und junge Mütter, dass sie als große Gemeinde wieder hierherkommen sollen.*

Auch im Neuen Testament gibt es Hinweise auf die flache Erde.

Apostelgeschichte 7:49: *»Der Himmel ist mein Thron und die Erde meiner Füße Schemel; was wollt ihr mir denn für ein Haus bauen«, spricht der Herr, »oder welches ist die Stätte meiner Ruhe?«*

Das spricht für sich, denn ein Schemel ist flach und fest.

Matthäus 12:42: *Die Königin vom Süden wird auftreten beim Gericht mit diesem Geschlecht und wird es verdammen, denn sie kam vom Ende der Erde, Salomos Weisheit zu hören. Und siehe, hier ist mehr als Salomo.*

Matthäus 4:8-9: *Wiederum führte ihn [Jesus] der Teufel mit sich auf einen sehr hohen Berg und zeigte ihm alle Reiche der Welt und ihre Herrlichkeiten und sprach zu ihm: Das alles will ich dir geben, so du niederfällst und mich anbetest.*

Einige Hinweise, dass Erde ein Erdkreis ist

1. Buch der Chronik 16:30: *Es fürchte ihn alle Welt. Er hat den Erdkreis gegründet, dass er nicht wankt.*

Sprüche 8:27: *Als er die Himmel breitete, war ich da, als er den Kreis zog über den Fluten der Tiefe.*

Psalm 93:1: *Der Herr ist König und herrlich geschmückt; der Herr ist geschmückt und umgürtet mit Kraft. Er hat den Erdkreis gegründet, dass er nicht wank.*

Psalm 97:4: *Seine Blitze erleuchten den Erdkreis, das Erdreich sieht es und erschrickt.*

Psalm 98:7: *Das Meer brause und was darinnen ist, der Erdkreis und die darauf wohnen.*

Der Prophet Jesaja 34:1: *Kommt herzu, ihr Heiden, und höret; ihr Volker, merkt auf! Die Erde höre zu und was sie füllt, der Erdkreis und was darauf lebt!*

Der Prophet Jeremia 10:12: *Er aber hat die Erde durch seine Kraft gemacht und den Erdkreis bereitet durch seine Weisheit und den Himmel ausgebreitet durch seinen Verstand.*

Der Prophet Jeremia 51:15: *Er hat die Erde durch seine Kraft gemacht und den Erdkreis durch* *seine Weisheit bereitet und den Himmel ausgebreitet durch seinen Verstand.*

Das Buch Hiob 26:10: *Er hat am Rande des Wassers eine Grenze gezogen, wo Licht und Finsternis sich scheiden.*

Das Buch Hiob 26:7: *Er spannt den Norden aus über dem Leeren und hängt die Erde über das Nichts.*

In *Hiob 26:7* mögen einige eine Bestätigung für eine Erdkugel, die durch ein unendliches Universum rast, herauslesen. Es ist jedoch so, dass auch die Flacherdler sagen, sie wissen nicht, was sich *unter* der Erde befindet. Die Erde ist *keine* Scheibe, sondern nur die Oberfläche ist flach. Was darunter ist, weiß niemand.

Einige biblische Hinweise, dass die Erde stillsteht

Jeder, der ehrlich ist, wird zugeben müssen, dass er von einer Rotation der Erde nichts spürt, nie etwas gespürt hat. Wir wissen nur davon, weil es uns die Wissenschaft erzählt hat. Beweise, dass das auch stimmt, haben wir keine. Dabei ist eine Geschwindigkeit von etwa 1.670 km/h (am Äquator) nicht gerade wenig.

Hinzu kommt die Geschwindigkeit der Erde um die Sonne mit rund 108.000 km/h, und obendrauf noch die Geschwindigkeit unseres Sonnensystems innerhalb der Milchstraße von etwa 16.700 km/h, und eigentlich müsste man noch die Geschwindigkeit unserer Galaxie innerhalb des Weltalls hinzurechnen.

Und wir bemerken von alldem überhaupt nichts? Wir spüren nicht die geringste Bewegung?

Wissenschaftler wenden gern ein, dass die Größenverhältnisse im All derart gewaltig sind, dass wir uns im Vergleich mit einem Fahrrad fast gar nicht bewegten. Doch dieses Argument lasse ich nicht zu. Irgendetwas müssten wir spüren.

Die Bibel dagegen behauptet das, was jeder von uns spürt: wir bewegen uns nicht. Hier ein paar Beispiele:

Der Prophet Jesaja 44:24: *So spricht der Herr, dein Erlöser, der dich von Mutterleibe bereitet hat:*

Ich bin der Herr, der alles schafft, der den Himmel ausbreitet allein und die Erde festmacht ohne Gehilfen.

1. Buch Moses 1:14: *Und Gott sprach: Es werden Lichter an der Feste des Himmels, die da scheiden Tag und Nacht und geben Zeichen, Zeiten, Tage und Jahre.*

1. Buch Moses 8:22: *Solange die Erde steht, soll nicht aufhören Saat und Ernte, Frost und Hitze, Sommer und Winter, Tag und Nacht.*

1. Buch Moses 9:14: *Und wenn es kommt, dass ich Wetterwolken über die Erde führe, so soll man meinen Bogen sehen in den Wolken.*

2. Buch Samuel 22:8: *Die Erde bebte und wankte, die Grundfesten des Himmels bewegten sich und bebten, da er zornig war.*

2. Buch Samuel 22:16: *Da sah man das Bett des Meeres, und des Erdboden Grund ward aufgedeckt bei dem Schelten des Herrn, von dem Odem und Schnauben seines Zornes.*

Das Buch Hiob 9:6: *Er bewegt die Erde von ihrem Ort, dass ihre Pfeiler zittern.*

Das Buch Hiob 38:4-7: *Wo warst du, als ich die Erde gründete? Sage mir's, wenn du so klug bist! Weißt du, wer ihr das Maß gesetzt hat oder wer über sie die Richtschnur gezogen hat? Worauf sind ihre Pfeiler eingesenkt, oder wer hat ihren Eckstein gelegt, als mich die Morgensterne* *miteinander lobten und jauchzten alle Gottessöhne?*

Psalm 78:69: *Er baute sein Heiligtum wie Himmelshöhen, wie die Erde, die er gegründet hat für immer.*

Haggai 2:21: *Sage Serubabel, dem Statthalter von Juda: Ich will Himmel und Erde erschüttern.*

Offenbarung 19:17: *Und ich sah einen Engel in der Sonne stehen, und er rief mit großer Stimme und sprach zu allen Vögeln, die unter dem Himmel fliegen: Kommt, versammelt euch zu dem großen Mahl Gottes.*

Hinweise, dass sich über der Erde eine unsichtbare Barriere befindet

Man kann nicht in ein Weltall fliegen. Ich habe auch noch nie eine Rakete gesehen, die das macht. Alle gehen in wenigen Kilometern Höhe in einen waagerechten Flug über.

Die Wissenschaftler behaupten, das ist notwendig, eine Rakete müsste wegen der starken Erdanziehungskraft schräg (für mich sieht es eher waagerecht aus) ins Weltall fliegen.

Gibt es die Erdanziehungskraft wirklich? Glauben Sie, dass schwere Körper andere anziehen können? Einfach so? Wie durch Zauberhand? Welche Kraft soll denn da wie ein Magnet anziehend wirken? Glauben Sie, wenn Sie einen winzigen Wattebausch dicht an einen Felsen halten, dass der dann angezogen wird? Wie können sich kleine Fliegen von Felsen lösen, wenn sie doch von diesem angezogen werden?

Es scheint doch eher wie im Wasser zu sein: Schwerer als Luft fällt, leichter als Luft steigt. Ich kenne kein einziges Beispiel, wo das nicht funktionieren würde. Warum soll es also eine Erdanziehungskraft geben, die niemand spürt?

Somit entfällt dann auch Einsteins irrsinnige Behauptung, der Raum wäre gekrümmt. Wenn ich, wie die Wissenschaftler behaupten, wegen der Raumkrümmung hinter die Sonne gucken kann, müsste ich hinter jeden Gegenstand sehen können. Es gäbe überhaupt keinen vernünftigen Grund, dass meine Sehkraft nur dem gekrümmten Raum nahe der Sonne folgt, dem gekrümmten Raum um meine Kaffeetasse herum jedoch nicht. Eigentlich müsste es sogar so sein, dass ich leichter um meine Kaffeetasse herumsehen kann, als um die Sonne, denn bei der Tasse habe ich Ruhe und Zeit, kann mit verschiedenen Blickwinkeln und Helligkeiten experimentieren uns so weiter. Nichts stört also. Aber trotzdem geht es nicht.

Auch dass die Himmelskörper am gekrümmten Raum entlang kullern, wie Einstein sich das so schön ausgedacht hat, funktioniert nicht, denn das könnte nur bei einem feststehenden System so sein. Unser Sonnensystem rast jedoch, laut offizieller Meinung, samt Milchstraße durch das Universum. Die Planeten rasen demnach *schraubenförmig* der Sonne nach.

Aus demselben Grund kann auch ein Ausgleich von Fluchtgeschwindigkeit und Anziehung die Planeten nicht in ihren Bahnen halten.

Der Sinn des horizontalen Fluges wollte sich mir, trotz der wissenschaftlichen Erklärung, nie erschließen. Wenn eine Rakete *einen* Kilometer gerade nach oben fliegen kann, warum dann nicht zwei Kilometer? Warum nicht drei oder zehn? Warum muss man ab einer bestimmten Höhe (fast) waagerecht weiterfliegen? Dadurch entsteht auch ein deutlich höherer Treibstoffverbrauch, welcher sich negativ auf das Gewicht der Rakete auswirkt.

Beim Ballonsprung von Felix Baumgartner ging es ja auch gerade nach oben, bis zu einer Höhe von gut 39 km. Warum ist das bei Raketen anders? Warum müssen die waagerecht fliegen?

Aber Wissenschaftler behaupten viel, wenn der Tag lang ist. Die Flacherdler sagen, der Mond ist vielleicht 5.000 km entfernt und hat einen Durchmesser von etwas über 50 km. Die Wissenschaftler dagegen behaupten, der Mond wäre rund 400.000 km entfernt.

Sehen Sie sich den Mond unvoreingenommen an, welche Aussage klingt glaubwürdiger? Wenn Sie den Mond mit einer *Nikon P900* heranzoomen oder mit einem guten Fernglas betrachten, werden Sie feststellen, dass er gar nicht so groß ist, wie behauptet wird, und dass Sie ihn auch ziemlich nah heranbekommen, was bei einer Entfernung von 400.000 km nicht ein dürfte.

Den Eindruck von einem Durchmesser von 3.476 km und einer Entfernung von rund 400.000 km bekommt man beim Blick durch diese Instrumente nicht.

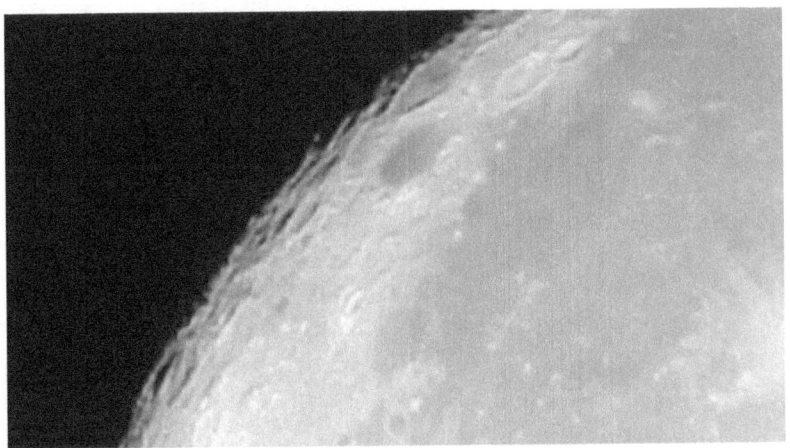
Schaubild 2: Der Mond - Aufnahme des Autors mit einer Nikon P900

Auch wenn Sie nicht an eine flache Erde glauben sollten, stellen Sie sich diese trotzdem einmal vor. Ich wohne im Norden Deutschlands. New York liegt Luftlinie etwa 6.000 km von mir entfernt. Mit anderen Worten: Der Mond soll 64 Mal so weit entfernt sein, wie New York.

Wenn ich nun den Mond so nah heranzoomen kann, wie oben im Bild zu sehen ist, müsste es dann nicht mit meiner Kamera möglich sein, zumindest theoretisch, in New York die Auslagen in den Schaufenstern zu sehen? Ich denke, sogar die Preisschilder würde ich erkennen.

Die Wissenschaft versucht trotzdem, uns eine so große Entfernung und Größe einzureden, und weil es Wissenschaftler sagen, halten es viele für glaubwürdig.

Als vor Jahrzehnten die ganzen wissenschaftlichen Aussagen und Behauptungen kamen, und hiermit ist der vorgebliche Mondflug ebenfalls gemeint, wussten die Wissenschaftler nicht, dass jeder Normalbürger einmal Computer und andere hochwertige Technik kaufen kann, um viele ihrer Aussagen zu überprüfen. Ärgerlich für die Wissenschaft, würde ich da mal sagen. Jetzt kann man diese Aussagen nämlich nicht mehr korrigieren. Auch die Bilder der Mondlandung kann heute jeder auf ihre Echtheit prüfen, denn die Bilder sind downloadbar.

Die Bibel spricht eine deutliche Sprache, was den Flug ins Weltall angeht. Selbst wenn es ein Weltall geben sollte, könnten die Menschen nicht dorthin, weil es eine unsichtbare Barriere gibt, die sie nicht überwinden können. Hier einige Beispiele:

Das Buch Hiob 37:18: *... kannst du gleich ihm die Wolkendecke ausbreiten, die fest ist wie ein gegossener Spiegel?*

Psalm 78:23: *Und er gebot den Wolken droben und tat auf die Türen des Himmels ...*

Der Prophet Jesaja 40:22: *Er thront über dem Kreis der Erde, und die darauf wohnen, sind wie Heuschrecken; er spannt den Himmel aus wie einen Schleier und breitet ihn aus wie ein Zelt, in dem man wohnt.*

1. Buch Moses 7:11: *In dem sechshundertsten Lebensjahr Noahs am siebzehnten Tag des zweiten*

Monats, an diesem Tag brachen alle Brunnen der großen Tiefe auf und taten sich die Fenster des Himmels auf.

Hinweise, dass sich Sonne, Mond und Sterne bewegen

Wir haben unkritisch akzeptiert, was man uns in der Schule über die Form der Erde, oder wie sich die Planeten um die Sonne bewegen, erzählt hat. Doch mit der Bibel ist nichts davon in Einklang zu bringen. Kein einziges Mal werden fremde Sterne, eine Kugelerde oder ein Weltall erwähnt. Es findet sich keine Textstelle, dass unsere Erde um die Sonne kreist.

Es gibt noch nicht einmal Hinweise, wie weit Sonne und Mond, oder wie »unendlich« weit die Sterne entfernt sind.

Sehen wir uns nun die Aussagen der Bibel über die Bewegungen von Sonne, Mond und Sternen an.

Das Buch Josua 10:12,13: *Damals redete Josua mit dem Herrn an dem Tage, da der Herr die Amoriter vor den Kindern Israel dahingab, und er sprach in Gegenwart Israels: Sonne, steh still zu Gibeon, und Mond, im Tal Ajalon! Da stand die Sonne still und der Mond blieb stehen, bis sich das Volk an seinen Feinden gerächt hatte. Ist dies nicht geschrieben im Buch des Redlichen? So blieb die Sonne stehen mitten am Himmel und beeilte sich nicht unterzugehen fast einen ganzen Tag.*

Hier sollte sich der Leser fragen, was vernünftiger klingt: dass die Sonne und der Mond am Himmel stehen bleibt, oder dass die Erde, welche sich am Äquator mit fast 1.700 km/h um die eigene Achse dreht, plötzlich stehenbleibt.

Wenn Sie mit einer Geschwindigkeit von 30 km/h mit dem Auto gegen eine Wand fahren, kann das schlimme Folgen haben. Da ist leicht abzuschätzen, was passiert, wenn die Erde plötzlich stillstehen würde. »Das Volk« hätte in diesem Moment sicher andere Probleme, als sich an seinen Feinden zu rächen.

Psalm 19:5-7: *Ihr Schall geht aus in alle Lande und ihr Reden bis an die Enden der Welt. Er hat der Sonne ein Zelt am Himmel gemacht; sie geht heraus wie ein Bräutigam aus seiner Kammer und freut sich wie ein Held, zu laufen ihre Bahn. Sie geht auf an einem Ende des Himmels und läuft um bis wieder an sein Ende, und nichts bleibt vor ihrer Glut verborgen.*

Psalm 74:16: *Dein ist der Tag und dein ist die Nacht; du hast Gestirn und Sonne die Bahn gegeben.*

Das Buch Hiob 38:31: *Kannst du die Bande des Siebengestirnes zusammenbinden oder den Gürtel des Orion auflösen?*

Der Prediger Salomo 1:5: *Die Sonne geht auf und geht unter und läuft an ihren Ort, dass sie dort wieder aufgehe.*

Hier wird also ausgesagt, dass sich die Sonne über die Erde bewegt, nicht die Erde um die Sonne. So wird es auch von den Flacherdlern beschrieben.

Warum ist die Sonne beim Sonnenauf- bzw. Sonnenuntergang kleiner, als wenn sie über uns steht? Das ergibt, angesichts der Tatsache, dass sie gut 149 Millionen Kilometer entfernt sein soll und bei einem Erddurchmesser von etwa 12.100 km überhaupt keinen Sinn. Das täte es nur, wenn die Sonne über uns kreist, wie wir das auch beobachten können.

Alles erscheint kleiner, je weiter es entfernt ist. Nicht anders ist es bei der Sonne. Doch wenn sie wirklich 149 Millionen Kilometer entfernt ist, würden ein paar Tausend Kilometer, die sich der Beobachter durch die Erddrehung von der Sonne wegbewegt, keine Rolle spielen.

Mit eigenen Aufnahmen von der auf- bzw. untergehenden Sonne, und der am Mittag, können Sie das selbst überprüfen. Auch dass das Mondlicht kühlt, wie weiter oben erwähnt, können Sie anhand eines Laserthermometers untersuchen.

Was sagt die Bibel über das Fliegen?

Der Prophet Jesaja 14:13,14: *Du aber gedachtest in deinem Herzen: »Ich will in den Himmel steigen und meinen Thron über die Sterne Gottes erhöhen, ich will mich setzen auf den Berg der Versammlung im fernsten Norden.* Ich will auffahren über die hohen Wolken und gleich sein dem Allerhöchstem.«*

* Der Berg der Versammlungen ist der Götterberg im höchsten Norden.

Schon bei *Jesaja* steht also geschrieben, dass Menschen versuchen werden, zum Himmel zu steigen, obwohl das zur damaligen Zeit noch nicht einmal im Ansatz zu erwarten war. Aber was erwartet sie dann? Die Antwort lesen wir bei *Obadja*:

Der Prophet Obadja 1:4: *Wenn du auch in der Höhe führest wie ein Adler und machtest dein Nest zwischen den Sternen, dennoch will ich dich von dort herunterstürzen, spricht der Herr.*

Gott lässt also alles herunterstürzen, was nach oben fliegt. Und tatsächlich gibt es einige Filmaufnahmen – die Echtheit kann ich allerdings nicht bestätigen – die zeigen, dass es ab einer gewissen Höhe nicht mehr weitergeht. Über den Wolken scheint also tatsächlich eine unsichtbare Barriere zu sein.

Dass der Mensch kein »Nest zwischen den Sternen« bauen kann, ist unter anderem auch daran zu erkennen, dass keine Rakete direkt ins Weltall fliegt. Ab einer bestimmten Höhe dreht sie ab und fliegt horizontal weiter, bis sie aus unserem Blickfeld verschwindet (und wahrscheinlich ins Meer stürzt).

Wie glaubwürdig Weltraumflüge sind, zeigt das Beispiel der Challenger Katastrophe am 28. Januar 1986, wo man mittlerweile fast alle damaligen Raumfahrer, die bei dem Unglück angeblich ums Leben kamen, ausfindig gemacht hat. Sie leben heute noch, teils unter ihrem richtigen Namen, und gehen verschiedenen Berufen nach.

Auf YouTube finden Sie mehr darüber.

Laut Bibel ist es also nicht möglich, der Erde zu entfliehen. Jeder, der es versucht, muss wieder zurück. Es gibt kein Entkommen, wir Menschen, auch Tiere und Pflanzen, sind hier mehr oder weniger gefangen.

Wegen der Barriere (ebenso Kuppel genannt) kann auch die Luftschicht nicht entweichen. Das Vakuum des Weltalls hätte sie uns längst fortgerissen. Würde eine Erdanziehung die Luftschicht auf der Erde halten, wäre sie wohl nur einen Bruchteil eines Millimeters dick. Luft lässt sich bekanntlich zusammendrücken.

Mit »zurückkommen« müssen ist sicherlich gemeint, wenn die Bibel (in diesem Fall Gott) sagt: »... *will ich dich von dort herunterstürzen* ...«

Das sagt meiner Meinung nach nicht aus, dass Gott alle Leute töten würde, die versuchen zu fliegen. So sind Flugzeuge durchaus gestattet. Wenn dem nicht so wäre, gäbe es wohl keine Ballons oder andere Fluggeräte.

Gott lässt allerdings keine Flüge »zwischen den Sternen« zu. Wird die unsichtbare Barriere erreicht, muss man umkehren oder stürzt zurück zur Erde hinab.

Warum eine Kugelerde?

Viele Menschen, die für sich festgestellt haben, dass die Erde keine Kugel sein kann, beschäftigen sich anschließend mehr mit Gott und seiner Schöpfung. Sie erkannten, dass die Behauptung der Wissenschaft, die Erde sei eine Kugel, die in einem unendlichen, lebensfeindlichen Universum umherfliegt, hauptsächlich dazu dient, den Menschen, ja, das Leben überhaupt, als ziemlich geringwertig darzustellen.

Wer sind wir denn schon?, will man uns weismachen. In einem unendlich großem Weltall sind wir so klein und bedeutungslos, dass es kaum der Rede wert ist. Jeden Moment kann uns ein fremder Himmelskörper treffen und uns auslöschen. Das war es dann mit der Menschheit und mit allem anderen Leben auf der Erde. Kein Hahn (sollte einer übrigbleiben) wird hinterher danach krähen. Wir sind weg – und gut ist.

Und wenn es kein Himmelskörper ist, der uns vernichtet, dann sind es eben Gravitationswellen, Risse in der Raumzeit und weiß der Geier, was sonst noch. Vielleicht frisst uns ja auch irgendwann ein schwarzes Loch.

Wissenschaftler wollen gern wie Gott dastehen, die selbst den hintersten Winkel des Universums sehen und erklären können, und den Rest, wo das nicht funktioniert, auf einen »Zufall« schieben.

Hierbei spielt es keine Rolle, wie unsinnig die Behauptung ist, alles sei »rein zufällig« entstanden. Man hat es halt untersucht, und es hat sich so herausgestellt, heißt es. Und weil es studierte und seriös scheinende Personen sind, wird ihnen geglaubt.

Dabei weiß man eigentlich gar nicht, was sie da in ihrem »stillen Kämmerlein« ausbrüten.

Hier zeigt sich deutlich, dass man sich auf keinen Fall darauf verlassen sollte, was man gelehrt bekommt bzw. was allgemein als richtig anerkannt ist. Man sollte also immer hinterfragen, was einem gesagt wird, denn oft zeigt schon der gesunde Menschenverstand, dass an einer Behauptung, egal von wem sie stammt, etwas faul sein muss.

Viele Menschen benennen Widersprüche in der Bibel. Das ist in der heutigen Zeit nicht weiter schlimm. Keiner landet dafür noch auf dem Scheiterhaufen. Widerspricht man allerdings der Wissenschaft, sieht es schon schlechter aus. Hier wird man schnell angefeindet, als dumm hingestellt oder als einer, der in der Schule nicht richtig aufgepasst hat. Argumente und sogar Beweise nutzen diesen Menschen wenig. Die Gegenseite beharrt darauf, dass alles richtig ist, was sie einmal gelehrt bekam.

Dabei lag die Wissenschaft ziemlich oft schon daneben und musste sich korrigieren. Vielleicht sind es, im Gegensatz zur Bibel, gerade diese Korrekturen, die sie so glaubhaft dastehen lässt.

In der Bibel steht der Mensch im Mittelpunkt. Er ist das wichtigste, was für Gott existiert. Und nicht nur die Menschen, seine gesamte Schöpfung ist ihm wichtig. Ein krasser Widerspruch zur Wissenschaft also, die alles daransetzt zu beweisen, dass bei der Entstehung des Universums keine höhere Macht vonnöten war.

Ich habe viele populärwissenschaftliche Bücher gelesen und kann sagen, dass es in diesen Büchern sehr häufig darum geht, darzulegen, dass es keinen Gott geben muss, um alles, was existiert, entstehen lassen zu können. Dass es keinen Gott gibt, kann allerdings niemand beweisen. Somit steht es zumindest 50% zu 50%. Daher ist es ziemlich anmaßend von der Wissenschaft zu behaupten, es gäbe ihn nicht.

Vor vielen Jahren hatte ich einmal ein Video auf YouTube gesehen, wo ein Mann einen Kugelschreiber auseinander nahm und die einzelnen Teile, es waren vier oder fünf, immer wieder auf den Boden warf. Er meinte, das könne er endlos lange fortführen, nie wird daraus ein zusammengesetzter Kugelschreiber herauskommen. Man kann ihn nur selbst zusammensetzen.

Sieht man sich die Welt an, wie alles wunderbar funktioniert und aufeinander abgestimmt ist, halte ich es für ziemlich arrogant zu behaupten, das alles sei rein zufällig entstanden. Alles hat sich durch glückliche Umstände aus einer leblosen Materie heraus so zusammengefügt.

Da würde ich eher glauben, das Märchen »Dornröschen« beruht auf einen Tatsachenbericht.

Dient die Kugelerde also dazu, uns von Gott zu entfremden?

Warum ich der Wissenschaft misstraue

Denke ich zurück an meine Schulzeit, erinnere ich mich daran, dass mir immer fertige Wahrheiten vorgesetzt wurden. Egal, um welches Thema es ging, immer hatte man schon die Lösung dafür gefunden und brachte sie uns Schülern bei.

Das hat große Ähnlichkeit mit Religionen oder Sekten. Alles, was es zu denken gibt, wurde bereits gelöst und man muss nur noch das fertige Produkt annehmen.

Vieles, was uns Schülern beigebracht wurde, stellte sich später als falsch, oder zumindest als fragwürdig heraus.

Auch heute noch äußern sich Wissenschaftler und andere studierte Leute zu den verschiedensten Bereichen, und ihre Aussagen werden einfach als wahr angenommen. Das betrifft Diäten, Traumbilder, Aussagen, warum der Mensch schlafen muss, die Entstehung des Weltalls, die Bestimmung des Alters irgendwelcher Steine usw. Einige Sachen, bei denen es mir möglich war, habe ich selbst überprüft und kam zu ganz anderen Ergebnissen.

Ein Beispiel soll das veranschaulichen:

Vor einigen Jahren fing ich mit Wechselduschen an. Es soll gesund sein, abhärten usw. Nach etwa fünf oder sechs Wochen Wechselduschen, es war damals Sommer, bekam ich eine tüchtige Erkältung. Und nicht nur das, kein anderer hatte eine Erkältung, nur ich, der Wechselduschen praktizierte.

Das war mir damals eine Lehre, alles leichtfertig zu glauben, was die Gesundheit angeht. Heute verlasse ich mich auf meinen Instinkt, und nicht mehr auf die Aussagen irgendwelcher »Experten«.

Verstehen Sie mich nicht falsch, ich will damit nicht sagen, dass Wechselduschen grundsätzlich ungesund sind. Nur was für den einen gesund ist, muss für den anderen noch lange nicht gesund sein. Diese pauschalen Aussagen, dieses oder jenes ist gesund, sind es, die falsch sind.

Bekommen wir immer noch Hilfe »von außen«?

Ich kann mir nicht vorstellen, dass die Erde von sich aus uns einfach so versorgt. Wäre das der Fall, wäre unsere Welt ein *Perpetuum mobile*. Mir scheint, als wenn wir immer noch Hilfe von »außen« bekommen. Sieht man sich Filme an, die vor 100 Jahren gedreht wurden, kann man sehen, dass damals das Licht mit Erdgas erzeugt wurde. Heute ist das Gas, obwohl wir es sehr viel mehr als damals verbrauchen, immer noch nicht alle. Nicht anders verhält es sich beim Erdöl. Dabei wird seit Jahrzehnten behauptet, beides ginge langsam zu Ende.

Aber woher kommt der ständige Nachschub? Es zeigt sich hier, dass die Aussage, Erdöl sei von organischem Ursprung, ganz und gar nicht stimmen kann. Wie viele Lebewesen (Pflanzen und Tiere) sollen denn bitteschön verrottet sein, dass so viel Öl entstehen kann?

Außerdem, so steht es auch in der Bibel, werden tote Organismen zu Erde oder dienen anderen Lebewesen als Nahrung. So kennen wir es auch vom Friedhof her:

Der Prophet Jeremia 25:33: *Zu der Zeit werden die vom Herrn Erschlagenen liegen von einem Ende der Erde bis ans andere Ende; sie werden nicht beklagt noch aufgehoben noch* *begraben werden, sondern müssen auf dem Felde liegen und zu Dung werden.*

* * *

Auch andere wissenschaftliche Aussagen ergeben für mich keinen Sinn. So kann ich mir nicht vorstellen, dass Wolken dadurch entstehen, weil die Sonne Wasser verdampft. Gehen Sie an einem heißen Tag an den Strand und halten Sie Ihre Hand über das Wasser. Sie wird trocken bleiben. Da verdampft nichts.

Selbst wenn es so wäre, so sehen die Wolken nicht aus wie Wasserdampf. Und wäre es wirklich Wasserdampf (oder feuchte Luft), der nach oben steigt, wäre es bestenfalls am Himmel überall diesig, aber dieser Dampf würde keine Gebilde wie Wolken erzeugen. In der Küche über den Kochtöpfen bilden sich auch keine Wolken.

Glauben Sie nicht auch, dass es beispielsweise in Italien, wo rings herum fast überall Wasser ist, nur bewölkt sein müsste? Es träfe ja alles zu: eine heiße Sonne und viel Wasser. Stattdessen ist es bei uns im Norden, wo viel weniger Wasser »verdampfen« kann, wesentlich wolkenreicher.

Woher die Wolken kommen, kann ich Ihnen nicht sagen. Vielleicht auch von »außerhalb«, also sie wurden uns »geschickt«. Aber auf keinen Fall verdampft die Sonne Wasser (so heiß wird das Wasser durch die Sonneneinstrahlung nicht) und daraus entstehen dann Wolken am Himmel.

Ich kann mich an meine lang zurückliegende Schulzeit erinnern, wo uns der Lehrer genau das beibringen wollte. Ein Mitschüler meldete sich und fragte: »Bedeutet das, wenn ich eine Schüssel mit Wasser vor das Fenster stelle, dass dann bald oben eine Wolke ist?«

So unsinnig das auch klingen mag, zeigt es doch, dass Kinder gar nicht so dumm sind. Scheinbar spürte dieser Junge, dass die ganze Sache irgendwie komisch wirkt, ohne es vielleicht selbst zu bemerken.

Vielleicht wären wir viel schlauer, wenn man uns *nur das Nötigste* beigebracht hätte.

* * *

Als drittes Beispiel, warum ich glaube, unsere Welt wird von einer Macht »außerhalb« instand gehalten, möchte ich die Luft anführen. So sehr wir sie auch verdrecken, und das tun wir seit gut 200 Jahren, Tendenz stark steigend, sie bleibt irgendwie sauber. Selbst in den meisten Städten. Wir öffnen morgens immer noch das Fenster, um »frische Luft« hereinzulassen.

Offiziell heißt es, die Bäume sorgen für saubere Luft, und auch die grünen Pflanzen. Doch diese sind keine Heinzelmännchen, die nachts die ganze Arbeit erledigen.

Die Bäume und grünen Pflanzen werden auf der Erde immer weniger, während wir die Luft immer mehr verdrecken. Da stellt sich die Frage, ob die saubere Luft nicht von ganz woanders herkommt.

Pflanzen mögen die Luft reinigen, die Mensch und Tier ausatmet, doch es sind ja auch Giftgase, die im Krieg verwendet wurden, die (Fabrik-)Schornsteine, die Autos, LKWs, Lokomotiven, Tabakqualm, Rauch durch Verbrennen von ausgedienten Konsumgütern und vieles andere mehr, die unsere Luft ständig verdrecken.

Den ganzen in die Luft geblasenen Dreck können nicht allein die Pflanzen reinigen. Und trotzdem hat das alles bis jetzt nicht dazu geführt, dass wir heute keine saubere Luft zum Atmen mehr haben. Wie wurde die Luft also gereinigt?

Falls unsere Luft also irgendwie erneuert wird, wovon ich ausgehe, fragt sich natürlich, was Aktionen wie Dieselfahrverbote wirklich bringen.

Diese und ähnliche Gedanken bringen mich dazu, daran zu glauben, dass wir sehr wohl Hilfe bekommen und die Erde nicht »einfach so« existiert, und sich immer wieder selbst regeneriert.

Solche Beispiele könnte ich endlos weiterführen. Unser Problem ist, wir glauben einfach zu leicht. Wir glauben daran, dass es ein unendliches Universum gibt, welches ein bestimmtes Alter hat, wir glauben an Dinosaurier, obwohl noch niemand einen echten Knochen gesehen hat, wir glauben an die Gleichzeitigkeit des Lichts als Welle und Teilchen, an Schrödingers Katze und an was weiß ich noch alles.

Gerade was das Weltall oder die kleinsten Teilchen angeht, Wissenschaftler sagen oft genug, dass bestimmte Dinge so kompliziert sind, dass wir und das nicht vorstellen können. Ich sage: Vielleicht stimmt die Theorie einfach nicht! Man muss sich hierzu nur die Gravitonen oder die dunkle Energie bzw. dunkle Materie ansehen. Man erfindet Dinge, nur damit die Theorie weiterhin stimmt.

Natürlich kann man als Normalbürger vieles nicht selbst überprüfen, doch das, wo man es kann, stellt sich mitunter ganz anders dar, als und sie Wissenschaft erzählt. Das lässt Misstrauen aufkommen.

Ja, wir gehen sogar soweit, unseren eigenen Wahrnehmungen zu misstrauen, um die offiziellen Aussagen anzunehmen.

Unter all diesen Gesichtspunkten fällt es mir heute sogar schwer zu glauben, dass ein Element nur eine bestimmte Anzahl an Protonen, Neutronen und Elektronen ist. Soll es wirklich so sein, dass ein anderes Element entsteht, wenn ich von bestimmten Teilchen einige wegnehme oder hinzufüge?

Experimentell mag das alles funktionieren, trotzdem habe ich daran meine Zweifel. Zur Veranschaulichung: Nehmen Sie Butter, Mehl und einige Eier. Zusammengerührt ergibt das eine bestimmte Masse. Gibt man nun etwas mehr Butter hinzu und lässt ein Ei weg, ist es im Grunde immer noch dieselbe Masse. Bei den Atomen soll dann aber etwas ganz anderes entstehen, was mit dem davor überhaupt nicht zu vergleichen ist. Aus Sauerstoff kann Eisen werden, aus Gold Silber, aus Mangan Wasserstoff und so weiter.

Wasser zum Beispiel kann einfach nicht nur H2O sein, also zwei Teile Wasserstoff und ein Teil Sauerstoff. Wasser reagiert auf Musik, bevorzugt das Wirbeln, man kann mit ihm sprechen, und es verändert sich dann. All das haben Untersuchungen gezeigt. Da kann es nicht einfach nur aus drei Atomen bestehen. Da steckt mehr dahinter, so meine feste Überzeugung.

Schlussbemerkungen

Ob die Erde auf ihrer Oberfläche wirklich flach ist, kann ich natürlich nicht beweisen. Die Wissenschaft könnte das bei der Kugelerde mit Flugzeugen, Raketen und dergleichen sehr wohl. Tut sie aber nicht.

Stattdessen werden Bilder offensichtlich gefälscht, wie die von der Erde. Sieht man sich die angeblichen Aufnahmen vom Globus an, die in den vergangenen Jahrzehnten im Internet veröffentlicht wurden, kann man sehr leicht erkennen, dass sie alle unterschiedlich aussehen. Kontinente haben auf unterschiedlichen Aufnahmen verschiedene Größen, Farben usw.

Es wird eine sich drehende Erdkugel gezeigt, wo sich den ganzen Film über keine einzige Wolke bewegt. Bei Aufnahmen der Erde sieht man, dass verschiedene Wolkenformationen mehrmals vorkommen, als sei das »Foto« mit copy & paste bearbeitet worden. Jeder kann sich die Bilder anschauen und das selbst überprüfen.

Dann gibt es einen Film auf YouTube zu sehen, bei dem die Kamera hinter dem Mond positioniert ist und den Vorbeiflug an der Erde filmt. Abgesehen davon, dass sich auch hier keine einzige Wolke bewegt, stellt sich die Frage, welchen Sinn solche Filme hätten und wer und warum man sie finanziert. Es kostete sicherlich Milliarden, nur um ein

Filmchen zu drehen, den sich nur wenige bei YouTube anschauen.

Wenn Sie mehr über das Thema flache Erde wissen möchten, dann sehen Sie sich den Dokumentarfilm »Erde Convex« auf YouTube an. Es zeigt Wissenschaftler, die mehrere Jahre der Frage nachgegangen sind, ob die Erde eine Kugel ist und kamen zu dem Ergebnis, dass die *Oberfläche* keine Kugel sein kann.

Das Buch von Eric Dubay »Die Flache-Erde-Verschwörung« ist als PDF Datei oder Hörvideo bei YouTube frei erhältlich. Empfehlenswert und hoch interessant ist auch sein Interview »Die Geschichte der flachen Erde« (siehe YouTube). Als ich das Video das erste Mal sah, hatte ich es mir nur aus Langeweile angesehen und wollte herausfinden, was Leute heutzutage immer noch annehmen lässt, die Erde sei flach. Doch der Film hat mich sehr nachdenklich gemacht und in mir kamen die ersten Zweifel auf, ob die Erde wirklich eine Kugel ist. Seit diesem Video hat mich das Thema »flache Erde« nicht mehr losgelassen.

Wenn ich mit anderen über die flache Erde diskutiere, nimmt man mir allgemein meine Argumente schon ab. Nur eines lässt die meisten noch zweifeln: Wie kann man so eine Lüge, die Erde wäre eine Kugel, über so lange Zeit aufrechterhalten? Es müssten ja zigtausend Leute eingeweiht sein, die alle die Öffentlichkeit belügen, ohne sich jemals zu verplappern.

Der Gedanke kam mir auch schon, heute sehe ich das allerdings anders. Vor ein paar Tagen erst sah ich ein Bild von der Sombrero-Galaxie. Diese war so nah herangezoomt, als befände sie sich auf der anderen Straßenseite. Dabei soll sie 30 Millionen Lichtjahre entfernt sein, weit außerhalb unserer Milchstraße. Das zeigt, dass das Bild unmöglich echt sein kann. Wie ist es also zustande gekommen?

Zur Veranschaulichung: Ein Lichtjahr sind 9.460.730.472.580,8 Kilometer. Wenn man diese Zahl mit 30.000.000 multipliziert, kommt eine Zahl heraus, für die es noch nicht einmal einen Namen gibt. Und da will man mit Teleskopen die Sombrero-Galaxie so weit heranbekommen, dass der Eindruck entsteht, man könnte sie fast berühren?

Wenn mir so etwas auffällt, meinen Sie nicht auch, anderen Wissenschaftlern müsste das ebenfalls aufgefallen sein? Nur, warum sagen sie dazu nichts?

Diese Art Bilder müssen ja irgendwie entstanden sein. Meinen Sie nicht auch, dass die Ersteller dieses Bildes genau wussten, was sie tun? Und warum soll man dann bei der Kugelerde und der Beschaffung des Weltalls nicht genauso lügen? Immerhin bringt dieses Geschäft Steuermittel in schwindelerregender Höhe ein.

Alle meine Argumente können, wie weiter oben bereits erwähnt, leicht widerlegt werden, wenn man einen kleinen, unscheinbaren Punkt zu einer großen Galaxie heranzoomt. Doch nach solchen Videos werden Sie im Internet vergeblich suchen.

Nehmen wir als Beispiel noch die Marsmission. Jeder, der über einen Taschenrechner verfügt, kann sehr leicht herausfinden, was bei so einem »Flug« alles benötigt wird, um das Leben der Raumfahrer zu erhalten. *Eine* Person bräuchte während dieses Fluges etwa fünf Badewannen voll Trinkwasser, rund 700 kg Nahrungsmittel und fünf Millionen Liter Luft.

Stellen Sie sich Ihr Schlafzimmer am frühen Morgen vor, wenn die ganze Nacht das Fenster geschlossen war. Die Luft ist verbraucht. Je nach Größe des Schlafzimmers, mehr oder weniger stark. Dabei ist Ihr Schlafzimmer deutlich größer als die Raumfähre der Mondlander im Jahr 1969. Während Ihr Schlafzimmer schon nach acht Stunden gelüftet werden muss, waren die Mondlander 195 Stunden unterwegs, ohne lüften zu können. Also mehr als 24 Mal so lange. Und es waren drei Personen, nicht wie allgemein zwei in einem Schlafzimmer.

Ein Taucher kommt (in der heutigen Zeit) mit einer Sauerstoff-Flasche etwa 30 bis 60 Minuten lang hin. Die Mondlander waren, wie erwähnt, zu dritt. Wie wurde die Atemluft geregelt?

Das sind alles Dinge, die jeder leicht selbst herausfinden kann. Wenn kein einziger Wissenschaftler die Mondlandung oder die zukünftige Mission zum Mars infrage stellt, kann man daraus ersehen, wie kritiklos sie alles in sich aufnehmen. Ist es da nicht auch möglich, dass ihnen gar nicht erst der Gedanke kommt, an der Kugelerde kann irgendetwas nicht stimmen?

Vor diesem Gesichtspunkt stellt sich mir nicht ernsthaft die Frage, warum alle Wissenschaftler (mit Ausnahme der in dem Dokumentarfilm »Erde Convex« vorkommenden) die Kugelerde als richtig ansehen.

Der Grund, warum man weiter die Kugelerde behauptet, wird wohl da zu suchen sein, dass die Menschen anfangen würden, Fragen zu stellen. Viele würden einsehen, dass sie eben kein Zufallsprodukt sind, sondern das Leben auf der Erde irgendeinen Sinn haben muss.

Andere werden fragen, was hinter dem Eiswall der Antarktis liegt und würden Antworten verlangen. Steuergelder für angebliche Flüge ins Weltall würden wegbrechen. Die Regierung müsste sich rechtfertigen, wo diese vielen Milliarden hingeflossen sind. Kurz, es würde nichts mehr sein wie früher.

Ein weiterer Grund, warum die Behauptung der Kugelerde so leicht aufrechterhalten werden kann, ist in der besorgniserregenden Leichtgläubigkeit der Menschen. Wenn ich Science-Fiction-Filme sehe, kann ich manchmal nur mit dem Kopf schütteln. Da gibt es Feuer im Weltall, eine kleine Drehung der Raumstation reicht, um die »Erdanziehungskraft« zu simulieren oder Raumfahrer sind über Stunden oder gar Tage hinweg in ihren Raumanzügen (auch unsere Mondlander), ohne das geringste Problem damit zu haben. (Versuchen Sie mal, sich den ganzen Tag lang nicht am Kopf (oder an einem anderen Körperteil) zu fassen, dann können Sie sich vorstellen, wie unmöglich es praktisch ist, eine längere Zeit in einem Raumanzug zu stecken.)

Und deshalb wird man mit der Behauptung, die Erde wäre eine Kugel, noch so lange wie irgendwie möglich fortfahren.

www.ingramcontent.com/pod-product-compliance
Lightning Source LLC
Chambersburg PA
CBHW031538210526
45464CB00003B/1061